# El ciclo d
# de la rana

Margaret McNamara

# Contenido

# Palabras para pensar

Una rana adulta puede vivir fuera del agua.

**animales**

Muchos tipos de animales viven en la Tierra.

**ciclo de vida**

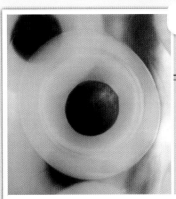  

La rana crece y cambia durante su ciclo de vida.

2

## huevos

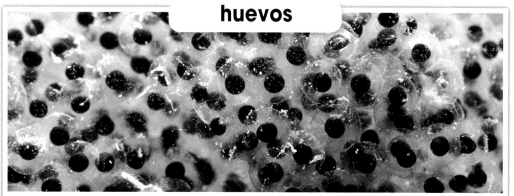

Estos huevos se convertirán en ranas.

## rana

Esta rana vive en una laguna.

## renacuajo

El renacuajo se convertirá en rana adulta.

3

# Introducción

Todos los **animales** tienen un **ciclo de vida**. Primero, comienzan su vida.

Ciclo de vida del pingüino

Luego, crecen y cambian. Por último, los animales mueren.

Ciclo de vida del gato

La **rana** es un animal y tiene su ciclo de vida.

# Capítulo 1

# ¿Cómo nace una rana?

La rana comienza dentro de un pequeño **huevo** en una masa de muchos huevos.

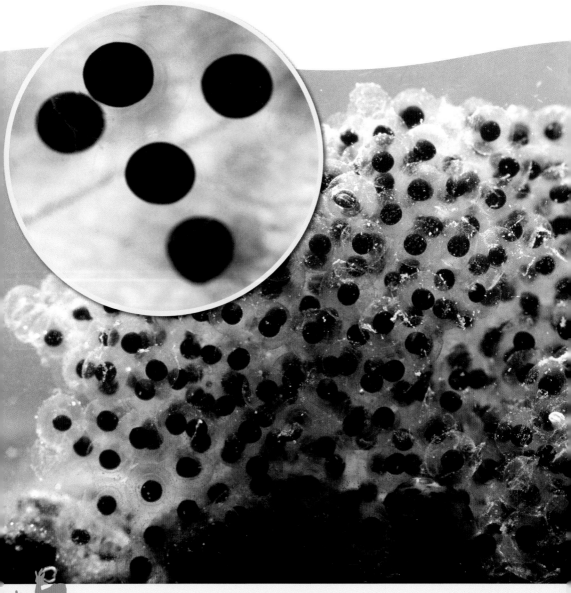

▲ La rana leopardo hembra pone sus huevos en el agua.

Una semana después, un **renacuajo** sale del huevo. El renacuajo tiene una cola y vive en el agua.

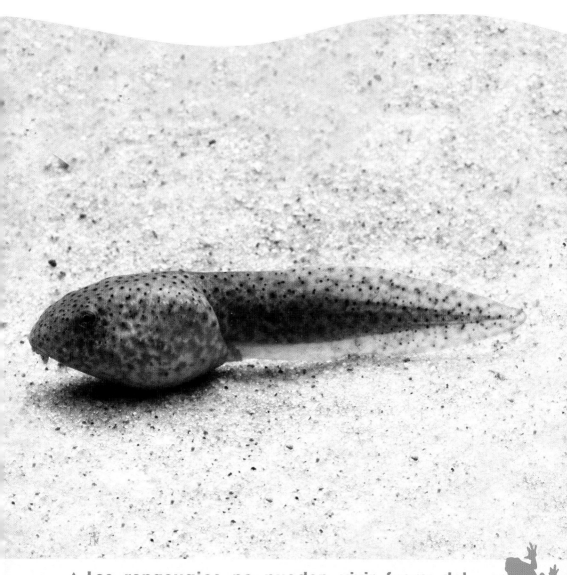

▲ Los renacuajos no pueden vivir fuera del agua. Respiran por medio de agallas.

# Capítulo 2

# ¿Cómo crece el renacuajo?

En una semana o un poco más, le salen patas al renacuajo. Poco a poco, también empieza a perder la cola.

▲ Las patas traseras salen primero.
Luego salen las patas delanteras.

▼ Ahora la rana leopardo puede vivir en tierra.

Por fin, la cola desaparece. Las patas crecen más. El renacuajo se ha hecho rana **adulta**.

9

# ¿Qué puede hacer una rana adulta?

La rana adulta puede respirar por la piel y con los pulmones.

▲ Una rana adulta puede vivir dentro y fuera del agua.

La rana adulta tiene patas traseras muy fuertes. Las usa para brincar o saltar de un lugar a otro.

**Dato interesante**

Sobre tierra, las ranas adultas respiran con los pulmones. Bajo el agua, respiran por medio de la piel.

▲ Las ranas usan sus fuertes patas cuando salen a cazar presa.

Cada año, algunas de las ranas adultas ponen huevos. De esos huevos salen nuevos renacuajos.

Los nuevos renacuajos crecen y cambian. Muchos de ellos llegarán a ser ranas adultas. Las ranas adultas vivirán por varios años y pondrán muchos huevos antes de morir.

13

# Conclusión

La rana es un animal y tiene su ciclo de vida.

**huevos**

**renacuajo**

- el comiezo de la vida de las ranas
- se ponen en el agua

- vive en e agua
- agallas
- sin patas
- con cola

## rana adulta

- vive en tierra o en agua
- pulmones
- patas fuertes
- sin cola
- pone huevos

# Glosario

**adulta** crecida o madura

Página 9

**animales** seres vivos capaces de movimiento

Página 4

**ciclo de vida** el orden en que un ser vivo crece y cambia

Página 4

**huevo** primera etapa de la vida de muchos animales

Página 6

**rana** animal que puede vivir dentro y fuera del agua

Página 5

**renacuajo** rana joven

Página 7

# Índice